『うちの子 きずなノート』 全体図

この本の中であなたに問いかけるすべての質問をマンダラチャート（6ページ参照）で一覧にしました。「うちの子」を思い浮かべながら、あなた自身に問いかけ、あなたの心が感じるままに答えてください。もし、答えることが難しい質問があれば、今は空欄でかまいません。

F うちの子のためにできる、私の得意なことは何ですか	C うちの子のために、やらなくてもいいことは何ですか	私とう 互いに笑 ことは
B いつか来る日のためにできればやっておきたいことは	ステップ6 今だからできること	今、本 なくて ことは
E うちの子が「頑張っているな」と思う点はどこですか	A いつか来る日のために既にしていることはありますか	私の心 ために、ことは
F この出会いを一言で表すと	C うちの子との出会いのきっかけは何でしたか	この出 どう生 思い
B うちの子は私にどんなイメージを持っていると思いますか	ステップ2 私とうちの子の関係を振り返ってみよう	うち 出会う どんな
E うちの子に出会ってからの私に変化はありましたか	A 私はうちの子にどんなイメージを持っていますか	うち 「これか 宣言し
F 死ぬってどういうことだと思いますか	C 最近考えていることはありますか	家族に るとし 言い
B 好きなもの・ことは何ですか	ステップ5 うちの子になりきって答えてみよう	今して こ あり
E 体調はどうですか	A 自分の性格はどんなだと思いますか	この家 幸せ

うちの子
きずなノート

伊東はなん 著

はじめに

ペットロス※…。
なんて重くて悲しい言葉でしょう。

私が2007年に動物対話のお仕事を始めてから、早いもので10年が過ぎました。その間、実に多くのペットさんたちとの対話を行ってきましたが、全体の3割強が亡くなったペットさんの思いを聞きたいという飼い主さんからの依頼でした。

そのような飼い主さんたちが、私のもとを訪ねてくる理由はただ一つ。「うちの子」の死を納得し、頭と心のギャップを取り除き、うちの子が元気だったときと同じ状態に戻りたいということです。

ペットロスになってしまった、あるいはペットロスになりそうだという多くの飼い主さんとお会いして私が気がついたのは、心のどこかで「うちの子は死なない」と思っている方ほどペットロスになる傾向が強いということでした。最先端の医療を受ければ…、最高のサプリメントを飲ませれば…、この食事さえ食べてくれれば…。けれど、現実はそう甘くありません。私は「絶対」という言葉は好きではありませんが「生まれたら死ぬ」、これだけは絶対なのです。

いつしか私は、死を認めることの大切さを伝えたいと思うようになりました。必ず訪れる出来事ならば、その最後の瞬間は感謝で締めくくることが、先に逝く相手への最大のはなむけではないか、と。愛してやまないうちの子に謝ってばかりいるよりは、感謝の言葉をたくさんあげたほうが、うちの子だって嬉しいはずです。

　私自身、動物対話士になる以前に一頭、動物対話士になってから二頭と、今まで三頭のうちの子を見送ってきました。動物対話を知らずにペットロスに陥ったこともあり、また、動物対話によって深いペットロスにならなかった私もいます。

　このワークブックが、あなたとあなたのうちの子が、強く幸せなきずなの中で過ごしていくためのきっかけとなることを、心から願っています。

2017年6月　　　　　　　　　　　　　動物対話士® 伊東 はなん

※ペットロス
ペットロス症候群の略。ペットとの離死別により、飼い主の心身に精神的疾患に類する症状を引き起こす。

うちの子きずなノート

| はじめに | 002 |

このワークブックで使われている2つのツール
〜「マンダラチャート」と「魔法の質問」〜 …… 006
『うちの子きずなノート』の使い方 …… 010

| ステップ1 | 現状を確認しよう …… 015
| ステップ2 | 私とうちの子の関係を振り返ってみよう …… 025
| うちの子コラム❶ | 動物対話 初歩の初歩 YESとNOを汲み取るレッスン …… 034
| ステップ3 | 親愛なるうちの子へ …… 037
| うちの子コラム❷ | 動物対話士と暮らす女子力の高い猫 …… 046
| ステップ4 | 私の中の死生観を見てみよう …… 049

もくじ

| ステップ5 | うちの子になりきって答えてみよう ……………… 059
うちの子コラム❸ 控えめなミドリガメとの「対話」……………… 068
| ステップ6 | 今だからできること ……………………………… 071
うちの子コラム❹ 飼い主がはまる二つの落とし穴 ……………… 080
| ステップ7 | いつか必ず来るその日 …………………………… 083
うちの子コラム❺ 動物対話士的「いい獣医さん」の見分け方 …… 092
| ステップ8 | 今から考えておくこと。やっておくこと ……… 095

おわりに ……………………………………………………… 102

うちの子思い出ノート ……………………………………… 104
うちの子なんでもノート …………………………………… 122

005

うちの子きずなノート

このワークブックで使われている2つのツール
~「マンダラチャート」と「魔法の質問」~

　このワークブックは、「マンダラチャート」と「魔法の質問」という二つのツールを融合させたオリジナルの構成を採っています。

　マンダラチャートとは、中心核を持つ3×3マスの表で、課題に対して多角的かつシンプルな分析ができるツールです。応用の幅も広いことから、上場企業やスポーツ選手、主婦の方まで幅広く利用されています。

　一方の「魔法の質問」とは、「答えるだけで魔法にかかったように変化をする」質問のことで、自分が聞きたい疑問ではなく、相手のためになる「しつもん」のことを言います。こちらもマンダラチャートと同様に、教育、経営、子育て、コミュニケーション、ライフワークなど、様々なジャンルで活用されています。

　伊東はなんはこの二つのツールの講師としての認定を受けており、これらを動物対話士としての日々の活動に活用しています。

　ここでは、マンダラチャートの使い方について、本ワークブックを例にしながら簡単に説明していきます。

マンダラチャートには「A型」と「B型」の2種類のチャートがあります。A型は9×9マスを使って多角的に情報を分析するために使います。B型は3×3マスを使って一つのテーマをわかりやすく掘り下げるために使います。

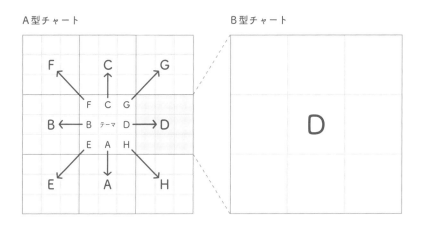

A型チャート　　　　　　　B型チャート

　たとえば、このワークブックでは、まずA型チャートを用いて上図の真ん中の「テーマ」のマスに「うちの子きずなノート」という言葉を入れました（次頁図：A型チャート参照）。うちの子とのきずなを深めるためにいろんな角度から見つめていきますよ、という意味です。後ほど周囲のマスを使って細かく掘り下げていくので、ここはざっくりでもかまいません。

うちの子きずなノート

A型チャート

[A型チャート図]

　テーマの周りにある8つの枠に「テーマを達成するにはどうしたらいいか」という考えに基づいた、サブテーマを作ります。それらのサブテーマが達成されると中心のテーマが現実化する、という仕組みになっています。

　3×3マスのB型チャート（右頁図：B型チャート参照）では、A型チャートで書き込んだサブテーマが放射線状に広がり、一つひとつのサブテーマを掘り下げています。それぞれのサブテーマを見ながら、これを達成するにはどうしたらいいかをさらに細分化して考え、B型チャートの8つのマスを埋めていきます。

すべてのＢ型チャートを掘り下げて、それぞれの質問に対する答えを埋め終わったとき、同時にＡ型チャートが完成する、というわけです。

B型チャート

F 死ぬってどういうことだと思いますか	C 最近考えていることはありますか	G 家族に一言伝えるとしたら、何と言いたいですか
B 好きなもの・ことは何ですか	ステップ5 うちの子になりきって答えてみよう	D 今してほしいことはありますか
E 体調はどうですか	A 自分の性格はどんなだと思いますか	H この家に来て幸せですか

　本ワークブックでも、Ａ型チャートで全体を見て（これを「鳥の眼で見る」と言います）、そこから必要なものを見つけて、近くのものをより細やかに見ていきます（これを「蟻の眼」と言います）。これらの作業に取り組んでいくと、自分の心の在り様を客観的にとらえ、見つめ直す習慣が、自然と身についていくことと思います。

　また、でき上がったところに色を塗るなどの工夫すると、どこまで達成できたかを把握でき、目標達成の励みにもなります。

　このように、マンダラチャートは全体を見ながら細部を見渡すことができるツールです。応用の範囲は多岐にわたりますので、日常の色々なシーンで活用してみてください。

うちの子きずなノート

『うちの子きずなノート』の使い方

　一般的なエンディングノートというのは、情報や事実を整理するために書き込むことが主流になっています。「うちの子きずなノート」もエンディングノートを意識した構成ですが、一般的なそれとは使い方が違い、心の整理をするための内容と構成になっています。

　心の中を整理することで、物理的な情報の整理がしやすくなるため、結果的にこのワークブックを終えた後には一般的なエンディングノートが書きやすくなる、という利点もあります。このワークブックの基本ルールは「どんな答えを書いても正解」「答えが書けなくても正解」ですので、安心して取り組んでください。

大事なおやくそく
　これだけは守ってください。あとはあなたの思うまま、ご自由に…。
- 人の目や思い、答えは気にしないこと（一番大切なのはあなたの思いです）
- 今思うことを、そのまま書いてみましょう（過去に書いた内容と違って構いません。意外な発想もそのまま受け止めて）
- すべてのマスを埋めようとしなくていいです（答えられないところは空欄で大丈夫です。そこには「今は答えることができない」という答えがあるからです。言葉が出てこないけど空欄にもしたくない方は、「『今は』書けない」「？」などと書くのも一案です）

基本的な使い方

・ステップ1のＡからアルファベット順に答えていくのが理想的です。
順に答えていくことで、効果的な結果が得られるように構成され
ています。そして、真ん中のテーマ欄の余白やメモ欄は、ページ
内の8つの質問に答え終わったあとで、感じたことや気づいたこ
となどを自由に書く欄になっています。しかし、必ずステップ1
から始めなければいけないということではありません。気になっ
たステップから始めましょう。

・ステップ8の使い方
このステップだけ、質問欄も解答欄も空欄になっています。
ステップ1〜7を答えていくと自分なりの課題が見つかると思
いますので、見つかった課題とその答えや対処法を書いてみま
しょう。同じページから複数の答えを抜粋しても構いませんし、一
つのステップから一つの答えを抜粋しても構いません。このス
テップはあなただけのオリジナルのステップになります。

・同じところを何度もワークするのもおすすめです。
思いや考え、気づきはいつも同じではありません。
時間をおいて同じ質問に答えると、以前とは違った答えが出てく
ることもあります。その時は自分の変化を味わってください。
もちろん、いつまでたっても同じ答えでもいいのです。

うちの子きずなノート

- 何度やろうと思っても手を付けられないページにこそ、本当の答えがあります。

 「答えるのがつらい」というページや質問があるかもしれません。そんな時は無理に答えなくても大丈夫です。けれど、いつか、勇気をもって向き合える日が来たらいいなあと思います。

- あなたの答えが「正解」です。

 このワークブックには模範回答がありません。あなたの思いや答えこそが正解です。それが「今はわからない・書けない」でも…。安心して、思っていることを素直に書くことだけに集中してください。

- グループワークをしたときは…。

 自分の中に答えを持っているけれど、人前で発表したくないこともあるかもしれません。その時は、「発表はちょっと…」と言って、パスして構いません。まずマンダラチャートに書くだけ書いてみましょう。
 うちの子きずなノートナビゲーター[※]は参加者のみなさんの心に寄り添う教育を受けています。安心してご自分と向き合ってください。

 このワークブックと向き合う時間が、あなたにとってかけがえのない時間となりますように。

※うちの子きずなノートナビゲーター
うちの子きずなノートを埋めていくにあたり、書き方や考え方を教えてくれる先生。

うちの子きずなノート

ステップ1
現状を確認しよう

現状確認とは、家を建てるときの基礎工事のようなもの。

なにごとも基礎が大事なのは、

「うちの子きずなノート」も同じです。

あなたの心をじっくりと見つめることからはじめましょう。

どんなことを書いても大丈夫。

かっこつけずに。あわてずに。

あなたはあなたのままで。

まずは、今のあなたの思いを聞かせてください。

うちの子きずなノート

F：いざというときに 頼りになる人はいますか	C：うちの子以外の家族の 今の様子はどうですか
B：うちの子の今の様子は どうですか	**ステップ1** **現状を確認しよう**
E：誰かの助けが必要なときは どんなときですか	A：このワークをやろうと思っ 理由は何ですか

ステップ１：現状を確認しよう

**G：どんなにがんばっても
うにもならないことはありますか**

**：私の中に不安はありますか。
あるとしたらどんなこと**

**H：いつもどんな「私」で
ありたいですか**

１回目

DATE

年　　月　　日

MEMO

017

自分の気持ちと向き合うヒント

　このワークブックは、あなたがペットロスにならないように、もしくは、そうなってしまったときに、心を保てるようにすることを目的として作成されています。

　大切な「うちの子」がお空に帰ることなんて考えたくないし、そうなってしまった今でも信じがたい…。これまでにそのような飼い主さんとのセッションを、数多く行ってきました。

　まだ１歳でやんちゃ盛りのペットさんと暮らしていたある方は、「この子がいなくなることを考えると今から怖くて…」と涙ぐまれました。老犬介護をされていた別の方は、いつか来る最期を恐れていました。

　誰もが、頭の中では「その日はいつか来る」とわかっています。ただ、心がそれを認めたくないばかりに「うちの子はまだまだ大丈夫…」と思い込もうとしているケースがとても多いとも感じます。

　私が代表を務める一般社団法人動物対話協会の「動物対話基礎講座」の初級では、いつも最初に、この「いつか来る日」のことについてお話しします。

　もし、私とあなたがお互いの「共通言語」を持っていたとしても、「話したい」という気持ちが明確でなければ、話は進んでいきませんね。ですから、「私はなぜこのワークをやろうと思ったか」ということのほか、「いつ、どのような時にそう思ったか」「私と私の周辺はどのような状態か」といったことがらについて、一つずつ、丁寧に紐解いていくことが、とても大切になってきます。

ステップ 1：現状を確認しよう

　勉強も、おけいこ事も、家を建てることも、人間関係も、何事も基礎が肝心です。

　ステップ1では「今どういう状態であるか」を知ることから始めていきます。現状を知り、その状態に最もマッチした理想を積み上げていく。これこそが理想の未来を作ることにほかなりません。

　いいことも悪いことも、全部ひっくるめて「現状」です。このステップではあわせて「思ったことを言葉に出す」という練習もやってみましょう。改めて心の中を見つめ、心の有り様を言語化していくことが、現状を見つめる大切な作業になります。

　書けるところは積極的に、文字数などは気にせずに、思ったことをそのまま文章にしてみてください。一つしか思いつかなかったらその一つを、いくつか答えが思い浮かんだらそのすべてを書いてみましょう。もし何も思い浮かばなかったり、文字にするのがつらいと思ったりしたら、そこは空欄でも構いません。「今は書けない状態にある」ということが、今のあなたの立派な答えです。安心してワークシートに向き合ってみましょう。

　ここで少し私のことをお話しします。

　私は、今まで三頭のうちの子を見送ってきました。そしてまだ、三頭のワンコと二匹の猫が元気に暮らしています。

　私が動物対話士になる前から一緒にいる子もいれば、動物対話士になってからわが家に迎えた子もいます。

　動物対話士になる前に迎えた子は、しつけ本やインターネットとにらめっこしながら暮らしていました。そして、本の言う通りにならないと悩んでは新しい情報を探す、ということの繰り返しでした。

019

うちの子きずなノート

今でこそ「見るべきはしつけ本ではなく、目の前のペットさんで
しょ？！」と、お伝えしている私ですが、当時は一般の飼い主さん
同様、目の前の子より、本やインターネットの情報、病院の検査の
結果表ばかりを見ていた一人でした。何が正しくて何が間違ってい
るのかさえわからないのに、間違った道に進むことをとても怖がっ
ていたのです。

　でも今は「見るべきは目の前の子」であり、「しつけ本はあくま
でも参考程度に」と気づき、クライアントさんにもそのようにお伝
えできるようになりました。

　なぜこれほど考え方が変わったのでしょうか。思い起こせば、初
めて犬と暮らした当時にセカンドオピニオンとしてお世話になった
獣医さんの柔軟な考え方に影響を受けたのだと思います。

　私は、私が飼った最初の犬である「はな」が愛おしく、きちんと
面倒を見て、長生きさせたいと思う、ごくごく一般的な飼い主でし
た。はなを迎えてすぐに、健康診断を受けさせるため、近所でも評
判で待ち時間も長い病院を訪れると、血液検査の結果は「肝臓の数
値に異状あり」。それは大変！　ということで、その日から毎日お薬
です。生後半年で肝臓が悪いと診断されたはなは、食事のたびに新
米飼い主の私と格闘しながら薬を飲み続けました。けれど、肝臓の
数値はよくなるどころか、徐々に悪くなっていくばかりです。そこ
で私は、セカンドオピニオンを聞くためにはなを別の病院に連れて
いくことにしました。

　その動物病院は小さな町にあり、院長先生と数人の獣医さんがい
ました。診察室は二つ。ごく普通の規模の動物病院でした。

ステップ1：現状を確認しよう

　その時にはなを診ていただいたのが、院長先生でした。私はセカンドオピニオンとして診てもらいたいと伝え、過去の検査結果と服用中の薬を見せました。すると院長先生は基準値より高い検査データを指さして「これをこの子の基準値にしてはどうですか？」と提案して下さいました。「確かに数字は高いけど、見た目には元気そうだし、特に問題ないと思いますよ」とおっしゃいます。異常値（標準値の10倍）を標準値にする？！　初めて犬を飼う私の目は点になりました。でも、確かに見た目や動きは元気そのものだし、食欲もあります。そして、院長先生と相談して、その日から今までかかりつけだった病院からもらった薬の服用をやめました。

　お薬をやめても、はなには何も変わったところは見えませんでした。薬をやめることによる影響を見るために、最初のうちは少し頻繁に血液検査をしていましたが、薬を飲んでも飲まなくてもさほど数値に変化がなかったため、薬害とちょっとの数値の差を考えて、標準値の10倍という数値をはなの肝臓の基準値としました。

　実はこの院長先生、なかなか面白い人でした。犬がおなかを壊したら、ささみのゆで汁を飲ませなさいとか、薄めたスポーツドリンクで水分補給すればいいですとか、人間用の整腸剤を飲ませればいいよ、などと言い、あまりお薬を処方しない先生でした。その先生の考え方に賛同した私はその病院に通い始め、「目の前の子を見る」というスタイルに変わりました。

　今、目の前にいる愛すべきうちの子たちは私に何を望んでいるのか。ママの子でよかったと思われながら、お互い納得のいくその時を迎えさせてあげたい。そんなことを考えながら私は「うちの子たち」と一緒に暮らしています。

うちの子きずなノート

F：いざというときに頼りになる人はいますか	C：うちの子以外の家族の今の様子はどうですか
B：うちの子の今の様子はどうですか	ステップ1 **現状を確認しよう**
E：誰かの助けが必要なときはどんなときですか	A：このワークをやろうと思っ 理由は何ですか

ステップ1：現状を確認しよう

G：どんなにがんばっても
　うにもならないことはありますか

）：私の中に不安はありますか。
　　あるとしたらどんなこと

H：いつもどんな「私」で
　　ありたいですか

2回目

DATE

　　　　　年　　　月　　　日

MEMO

うちの子きずなノート

ステップ2

私とうちの子の関係を
振り返ってみよう

「うちの子は特別なオンリーワン」
どの飼い主さんもそう言います。
なのに…、
私たちは時々、そのことを忘れてしまって、
よその子と比べてしまいます。
オンリーワンとは「かけがえのない唯一の」という意味。
改めて私とうちの子の関係について
振り返ってみましょう。

うちの子きずなノート

F：この出会いを一言で表すと	C：うちの子との出会いのきっかけは何でしたか
B：うちの子は私にどんなイメージを持っていると思いますか	**ステップ2 私とうちの子の関係を振り返ってみよう**
E：うちの子に出会ってからの私に変化はありましたか	A：私はうちの子にどんなイメージを持っていますか

ステップ 2：私とうちの子の関係を振り返ってみよう

G：この出会いを
どう生かそうと思いますか

D：うちの子に出会う前の私は
どんな人でしたか

H：うちの子に
「これからの私」を宣言しましょう

1回目

DATE

年　　　月　　　日

MEMO

自分の気持ちと向き合うヒント

　このステップは、あなたとうちの子の出会いを振り返ってみることが中心になります。

　出来事の最初というものは、言われてみないとなかなか思い出すことができないもののようです。けれど、それこそがすべてのドラマの起点。「どんな出会いでしたか?」と聞かれると、多くの方が、すっかり忘れていたうちの子との出会いを昨日のことのように鮮やかに思い出し、イキイキと話を始めてくださいます。

「雨の日にか細い声で鳴いているのを聞いて、このまま通り過ぎたらあの子に先がないと思って…」
「友達の家で生まれた子を譲ってもらったことがきっかけで…」
「ペットショップで目が合ってしまい、連れて帰ってと言われた気がして…」

　出会いは十人十色です。

　でも、どのストーリーも、そこから素晴らしいドラマが始まったことに違いはありません。

　あなたとペットさんの出会いは、どれ一つとってもほかの誰とも同じではありません。私はこのことを、基礎講座や個人セッションで次のようにお伝えしています。「ペットは神様があなたのために用

意してくれた教材です。ですからしっかりと活かしてください」と。

また、あわせて次のようにもお伝えしています。

「動物対話のセッションや講座は動物の思いがわかるようにとか、ペットとお話ができるようになるために行っています。でも、実は動物と話ができるようになることは当たり前でおまけみたいなものです。動物対話を学ぶと、あなた自身の人生がよりよく前進してしまうのです」と。

「うちの子」との出会い。そこから学んだ数々のこと。そして何より、素直に自分を表現するだけで、どれだけ愛されるのかを知ることができる世界。それが「動物対話」なのです。

このステップでは、出会いと関係性の素晴らしさを確かめるために、私とうちの子との関係性を深く掘り下げてみましょう。

世の中では、多くのものが一対になって成立しています。

男性と女性、大人と子供、好きと嫌い、出会いと別れ、太陽と月、働くことと休むこと。もらいっぱなしでも、与えっぱなしでもいけません。このように、多くの物事は「対」にして考えるとうまくいきます。

「私はいつもうちの子からたくさんの恩恵を受けているわ」と感じつつ、「けれど私はうちの子に何も恩返しができていない」とお感じの方は、「恩送り」という形で、大切なうちの子に恩返しをすることができます。

恩送りとは、もらった恩をその相手に返すのではなく、違う人に

うちの子きずなノート

感謝の気持ちを受け渡していくうちに、それが巡り巡ってお目当て
の人のところに届くという考え方の一つです。
　いただいたご恩はありがたいのだけど、直接相手にお返しするの
は難しい、と思うことでも、恩送りなら叶うのです。
　恩返しは難しいと思っている方は、ぜひ一度、恩送りを実践して
みてください。気持ちも軽くなり、大切なうちの子への恩返しもで
きます。これは本当にいいことづくめの習慣だと、私は思います。

　それではさっそく、うちの子と出会った時のことを思い出してみ
ましょう。

うちの子きずなノート

F：この出会いを一言で表すと	C：うちの子との出会いのきっかけは何でしたか
B：うちの子は私にどんなイメージを持っていると思いますか	**ステップ2 私とうちの子の関係を振り返ってみよう**
E：うちの子に出会ってからの私に変化はありましたか	A：私はうちの子にどんなイメージを持っていますか

ステップ2：私とうちの子の関係を振り返ってみよう

G：この出会いを
どう生かそうと思いますか

D：うちの子に出会う前の私は
どんな人でしたか

H：うちの子に
「これからの私」を宣言しましょう

2回目

DATE

年　　月　　日

MEMO

033

うちの子きずなノート

うちの子コラム①
動物対話 初歩の初歩
YESとNOを汲み取るレッスン

　犬を飼っている飼い主さんに質問です。みなさんのワンコさんは、人間の年齢に置き換えると何歳かご存知ですか？

　わからない方はインターネットで「犬　動物年齢換算」で検索してみてください。たとえば、小型犬の1歳は人間でいうと17歳。犬の5歳は人間の36歳。犬の10歳は人間の56歳に相当します。

　我が家で唯一の男子はシーズーの「ぼーず」です。彼は2004年秋生まれで、人間でいうと60歳を超えています。ぼーずは我が家で生まれ、私がへその緒を切りました。生まれたその日からずっと私の言葉を聞いて育ったぼーずには、60年分以上の日本語の蓄積がある計算になります。

　でも、ぼーずは犬なので、言葉を「話す」ことができません。けれど、私たちにはない「しっぽ」というステキなパーツや、私たち以上の素直な表現力を持っています。言葉に代

わるものがあるのです。

多くの飼い主さんは「うちの子の好き嫌いはわかるけど、それ以上はわかりません」と言います。

好き嫌いがわかるのはなぜでしょう。
それ以上わからないのはなぜでしょう。

好き嫌いが分かるのは、「YES」「NO」がはっきり分かるような聞き方をしているから。それ以上分からないのは、それ以上聞かないから、です。となると、次に求められるのは私たちの「聞く力」、言い換えれば「上手な質問」です。それができれば、彼らは上手にお返事をくれます。

例えば、「おやつ好き？」と聞くと、「ウン！」と言っているようにうれしそうにしっぽを振る。これは見たままですね。この子はおやつが好きなのです。多くの方はそこで質問が終わります。そして、何がどう好きかがわからない、と言います。

すべて「YES」「NO」で答えられる形で質問してみてください。YES であれば、「そうそう！」とばかりに目をキラキラさせて、「だから早くちょうだい」とせがむでしょう。

NO であれば、「なんでそんなこときくの～？」とばかりに、勢いが落ちます。これが彼らにできる精一杯のお返事です。だったらそれを信じてあげることこそが、飼い主さんの愛です。

「上手な質問をすると知りたい答えが返ってくる」

きっとあなたのワンコさんも、あなたが知っていた以上に豊かな表現力を持っていることに気がつくはずです。

うちの子きずなノート

ステップ3

親愛なるうちの子へ

「親バカでスミマセン」という言葉をよく耳にします。
そのたびに、
「どんどん親バカになってください。
そうじゃないと私たちが困ります」
とお伝えしています。
「スミマセン」と謝ってしまうということは、
普段は気にしてなかなか人前で話せていない、
ということの表れ。
このステップでは、大いに親バカになって
うちの子を自慢してください。

うちの子きずなノート

F：Eの話をしたらどんな答えが
返ってきそうですか

C：思い出に残る
ヒヤリハットシーンはありますか

B：うちの子の
好きなところはどこですか

ステップ3
**親愛なる
うちの子へ**

E：言葉が通じたら
どんな話をしたいですか

A：私の目に映る
うちの子はどんな子ですか

ステップ 3：親愛なるうちの子へ

G：今だから言える
ゴメンなさいはありますか

D：うちの子の
特徴的なしぐさは何ですか

H：今、うちの子に
一番伝えたいことは何ですか

1回目

DATE

年　　　月　　　日

MEMO

039

自分の気持ちと向き合うヒント

　動物対話士として日々個人セッションをしていると、飼い主さんのうちの子に対する愛情や感謝の思いに接する機会がよくあります。ある方は、その場でお話ししてくれたり、ある方は自宅で書いたお手紙を読み上げてくれたり。ときには聞いているこちらが照れてしまうような、微笑ましい場面も少なくありません。

　けれど、そのような時、残念ながらほとんどの飼い主さんが、同じような言葉を繰り返しているようにも感じられます。もっとバリエーション豊かに「あなたのすべてが愛おしい」と伝えてあげてほしい。そんな思いからこのステップを作りました。

　「あなたの存在がとても大切なんです」というだけでなく、あなたのどこが大切なのか。それがなくなったらどうなるだろうか。おちゃめな姿もどれもこれも愛おしいと思ったら、その一つひとつを丁寧に言葉にしてください。それこそが相手に思いを伝える一番の方法。それは、人もペットさんも一緒です。

　私たち日本人の多くは、自分の思いを言葉にすることが苦手だったりします。でも一方で、自分に向けられる言葉については、気持ちをしっかり言葉にして伝えてほしいとも思っています。あれれ？やってることと言ってることが一致していません。

　その点、ペットさんたちは、いつでもどこでも家族であるあなたに、絶大なる親愛の情を表現してくれていますね。

ペットさんがしてくれているのなら、私たちが恥ずかしがっている場合ではありません。しっかりその思いをお返ししましょう。

私たちもペットさんたちのように、いつでも「言行一致」ができるといいですね。

動物対話士が提供するメニューの一つに「エンジェル動物対話」という個人セッションがあります。これは、うちの子を亡くしてペットロスに悩む飼い主さんをサポートするためのセッションで、「エンジェルペットさん」（亡くなってしまったペットさん）の気持ちを飼い主さんに届けたり、飼い主さんの気持ちをエンジェルペットさんに伝えたりします。

亡くなったペットさんの声を届ける、ということがピンとこないという方のために、私たち動物対話士が「生と死」をどのように考えているかについて説明しましょう。

まず、肉体を大型ロボット、魂を大型ロボットの操縦者であるとします。アニメ「機動戦士ガンダム」のガンダムと主人公・アムロの関係を思い浮かべてもらえるとイメージしやすいかもしれません。

つまり「生きている」とは、ガンダムとアムロが一体となり、アムロがガンダムを動かしている状態です。一方、ひとたびアムロがガンダムから降りてしまえば、ガンダムは自らの意志では動くことができません。これが「死んでいる」状態です。

ただ、ガンダムを操縦していても、ガンダムから降りても、アムロの個性は変わりません。

動物対話士は、人間もペットも、個性というものは生前も死後も

041

変わらないというスタンスで考えることから始めます。

　生きていようがお空に帰ろうが、うちの子はうちの子。ほかの何者でもないのです。

　でも、うちの子を亡くされた飼い主さんは、悲しみのあまり「うちの子はうちの子。それ以外の何者でもない」ということをつい忘れてしまいがちです。そして、神様みたいな救いの言葉を望んだり、ひたすら謝ることに心を奪われたり。楽しい思い出もたくさんあったはずなのに、お空に帰る直前の大変な時期のことしか思い出せなくなってしまい、「『つらい思いをさせてごめんね』と謝りたい」と言うのです。うちの子をお空に返すということは、それくらいショックな出来事なのです。

　私たち動物対話士は、うちの子を亡くしてペットロスに悩んでいる飼い主さんたちのサポートも行っています。カウンセリングでは、「その子が今の話を聞いていたなら、何と答えると思いますか」といった質問を飼い主さんに投げかけます。たいていの飼い主さんは、しばらく考えた後、最初は申し訳なさそうに、けれど聞いている私たちが前のめりになって「もっと聞きたい！ 聞かせて！」という態度で向き合うと、まるで水を得た魚のようにイキイキと「うちの子」を思い出し、その子らしい言葉でその子の思いを伝えてくださいます。

　飼い主さんの口を通じて、ある子はちょっと上から目線で飼い主さんにモノ申します。

　ある子はとても優しい口調で飼い主さんに理解を示してくれま

す。

　ある子は飼い主さんに逆質問をします。

　実に個性豊かに、生前そのままの姿を飼い主さんの脳裏によみがえらせてくれます。そして、その言葉や態度を思い出した飼い主さんは、再び元気を取り戻していくのです。

　親愛なるうちの子の色々なシーンを思い出してみましょう。いいことも悪いことも全部、です。
　大切なうちの子の一つひとつの動作をつぶさに思い出してマスを埋めてみてください。ほかの家族ではありえないようなことでも、あなたにとって宝石のような一瞬だったのであれば、恥ずかしがらずに。あなたのうちの子を知らない人でも、それを読めばどんな子かが手に取るようにわかるほど詳細に書くことができれば、それがあなたにとってプラスの力に変わるのを感じられるはずです。

うちの子きずなノート

F：Eの話をしたらどんな答えが返ってきそうですか	C：思い出に残るヒヤリハットシーンはあります
B：うちの子の好きなところはどこですか	ステップ3 親愛なる うちの子へ
E：言葉が通じたらどんな話をしたいですか	A：私の目に映るうちの子はどんな子ですか

ステップ3：親愛なるうちの子へ

G：今だから言える
ゴメンなさいはありますか

D：うちの子の
特徴的なしぐさは何ですか

H：今、うちの子に
一番伝えたいことは何ですか

2回目

DATE

　　　　　　　年　　　月　　　日

MEMO

045

うちの子きずなノート

うちの子コラム②
動物対話士と暮らす
女子力の高い猫

　意外に思われるかもしれませんが、私が初めて猫と暮らし始めたのは、2011年6月末から。比較的最近のことです。当時、震災被害の一次避難所となった福島県の体育館に、毎月1回「ペット無料相談所」を開設していた最中のことでした。

　被災者の方が「スミマセン、猫拾っちゃったんですけど…」と言って、目やにたっぷりのメスの子猫ちゃんを連れてきました。

　最初に事務局に連れて行ったそうですが、窓口の方に「わかりました。ではお預かりして、明日保健所に連れて行きますね」と笑顔で言われたため、「保健所＝殺処分」が頭をよぎり奪い返してきたとのこと。ちょうどその日に私たちがボランティアをしていることを思い出してくれたそうです。

　何と運の強い猫ちゃんでしょう。

　その日が保護された3月11日から数えてちょうど100日目のことだとわかり、いつまでも長生きしてほしいという思いを込めて「百代（ももよ）」と仮の名前をつけました。紆余曲折あり、百代ちゃんはうちの子になりました。私にとっては初めての猫です。

　百代ちゃんの動作の一つひとつを犬と比べて、その違いを面白がっては抱きしめて…という、私にとっても百代ちゃ

んにとっても甘い甘い子猫時代を過ごしました。

　そのうち「ももよちゃん」が言いにくくなり、いつしか「もよちゃん」になりました。

　もよちゃんは小さい時から動物対話士と暮らすという、実に面白おかしく貴重な人生を選んだと思います。「言えばわかる」を幼いころから知っているもよちゃんは、何でもわかりやすく主張してくれます。相槌も上手で、実に人っぽいです。なので、「動物対話士®養成講座」では、最適なモデルさんです。

　対話が上手で人間っぽいところがあるとはいえ、やはり猫らしい気質もしっかり持ち合わせていて、とっても女子力が高いです。ツンデレ加減や甘え方、物事の主張の仕方と様子の見方。どれ一つとっても人間の私はかないません。

　私はよく「ペットは神様が与えてくれた教材ですよ」と言います。きっともよちゃんも、私の女子力が上がるよう、神様が授けてくれたに違いない。そんなふうに思っています。

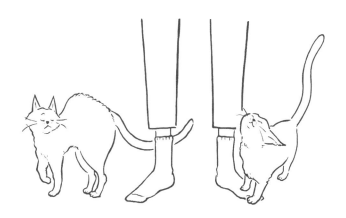

うちの子きずなノート

ステップ4

私の中の
死生観を見てみよう

考えたくないことですが、
うちの子もいつか亡くなります。
頭ではわかっていても、
心はなかなか理解を示してくれません。
そして私たちは、そのギャップに心を痛めてしまいます。
でも、「生」と必ず対になっているのが「死」というもの。
うちの子のことを考えても、なかなか答えは出てきません。
まずは"自分ごと"として、
あなたの中の死生観を見つめてみましょう。

うちの子きずなノート

F：私の中の「成仏」とはどういう状態をいいますか	C：私はどういう最期を迎えたいですか
B：私にとって「生きる」とはどういうことですか	ステップ4 私の中の 死生観を見てみよう
E：自分の葬儀やお墓はどうしてほしいですか	A：私にとって「死」とはどういうことですか

ステップ4：私の中の死生観を見てみよう

G：生まれ変わりを信じますか

D：理想通りのCにするために
どうしたらいいと思いますか

H：私が死にゆく時、
家族に何を伝えたいですか

1回目

DATE

　　　　　　年　　　月　　　日

MEMO

051

自分の気持ちと向き合うヒント

　このステップのタイトルを見て、「これは難しそうだ」と思う方が少なくないかもしれません。

　これは一つの裏話です。実はこのステップでは「ペットの死生観」について考えてみてほしいと考えていたのですが、先述した理由で、うちの子の死を直視するのは辛すぎるかもしれない、とも考えました。

　かくいう私も、「死」は苦手な言葉の一つで、「お空に帰る」などと言っていますが、生まれてきたからには、「死」は必ず訪れます。

　ならば、まずは自分のことについて考えようということなら向き合えるかもしれない、と考え、このステップのテーマを「私の中の死生観を見てみよう」にしました。

　日々のセッションの中では、エンジェルペットさんとかかわることも少なくありません。そのようなセッションの中でよく聞かれる質問が、このステップにちりばめられています。

　ただし、あくまでもここで答えるのは「私（このワークブックに答えを書き込むあなた）だったらどう思うか」です。「エンジェルペットのうちの子はどう思うか」ではないので注意してください。

　たとえば、**A「私にとって『死』とはどういうことですか」**は、セッ

ステップ4：私の中の死生観を見てみよう

ション中の質問に置き換えると「うちの子は、自分が死んだということを理解しているのでしょうか」という言葉になります。

　この質問を飼い主さんからお預かりしたとき、私は最初に飼い主さんにこう確認します。「あなたの中の死とはどういうものですか」と。

　死に対する考え方は飼い主さんによって違います。呼吸が止まった時を指して「死を迎えた」という方もいますし、心臓の鼓動が止まった瞬間を指す人もいます（呼吸が止まってから心臓の鼓動が止まるまで、実際には時間差があります）。

　また、ある方は「肉体と魂の関係性が完全に切れたとき」と言い、またある方は「脳死状態になった時」と考えています。何が正しくて、何が間違いかを説く必要はありません。ここでは飼い主さんの考え方がすべてです。

　Ａの質問で、自分の中での死という出来事に対する考え方はどんなものか、考えてみましょう。

　Ａの質問と同じ意味を持つのが、Ｆ「私の中の『成仏』とはどういう状態をいいますか」です。個人セッションでは、エンジェルペットさんに対して「うちの子は今どこにいますか？」という質問にも同様の確認をしますが、Ａの質問をお預かりした時と同様に「あなたのイメージする成仏とはどういう状態を言いますか？」と確認します。

　この質問の回答もＡの質問の答え同様、やはり千差万別で、飼い主さんによって色々な考え方があります。

053

たとえば、魂がこの世に戻ってこないことを「成仏した」という
方もいれば、一度でもあの世に行けていれば成仏したといえる、と
いう方もいます。

また、魂がどこにあるかは関係なく、未練や後悔のない状態にあ
ることを成仏したという、という方もいます。

これも同様に、何が正しくて何が間違いかを説く必要はありませ
ん。私たちは、飼い主さんの考え方に合わせて、「それならあなた
のペットさんは○○な状態ですよ」とお伝えします。

ですが、ここではペットさんのことはいったん脇に置いておいて、
「私はどう思うか」、つまり、主語を「私」にすることに集中して答
えてみてください。

「私は…」で答えていくうちに、自然と考えは「では、うちの子
はどうだっただろう？」という方向に向かっていきます。まずは自
分のことを中心に考えてみましょう。

特にＣ「私はどういう最期を迎えたいですか」という質問は、ま
ず自分自身のこととして考えてみてください。最新の医療設備が
整った病院で徹底的に生きることに力を注ぎながら逝きたい、化学
療法は必要ないから自宅で家族とのんびり逝きたい…など、あくま
でも「私は」という視点で考えてください。

そのあと、もし余力があれば、「では、うちの子はどういう逝き
方を望んでいる（いた）だろう？」と考えてみてください。

個人セッションでは「うちの子の最期はあれでよかったのでしょ

ステップ4：私の中の死生観を見てみよう

うか？」という質問をされる飼い主さんがとても多いです。「あれ」とは、最後に行った治療のこと。「あの子に長生きしてもらいたいばかりに、つらい治療をさせてしまったことを後悔している」「化学薬品は使いたくないから自然に任せたのだけど、うちの子は苦しかったのではないか。申し訳ないことをしたかもしれない」といったことを確認したいというわけです。つまり、一生懸命治療をした場合も、信念を持って積極的治療をしなかった場合も、どちらにしても後悔をしてしまうことが多いようなのです。

　そのため私は、「それなら、『私だったらこうされたい』という考えを前提条件にして考えてみたらどうでしょう」というお話をします。いったん自分自身のことに置き換えることで、相手のことが考えやすくなるからです。

　この本は、「ペットさんのことについて考えてみましょう」という視点で構成されていますが、「私だったら…」と置き換える考え方は、人間関係にもそのまま当てはめることができます。この考え方がスムーズにできるようになると、人間関係もとても円滑になります。

　何事も自分から行動を起こすのは難しいものですが、ここでは、ペットさんから教わったことを人間社会で応用してみるという気持ちで実践してみてください。

055

うちの子きずなノート

| F：私の中の「成仏」とは
どういう状態をいいますか | C：私はどういう
最期を迎えたいですか |

| B：私にとって
「生きる」とはどういうことですか | ステップ4
私の中の
死生観を見てみよう |

| E：自分の葬儀や
お墓はどうしてほしいですか | A：私にとって
「死」とはどういうことですか |

ステップ4：私の中の死生観を見てみよう

G：生まれ変わりを信じますか

D：理想通りのCにするために
　どうしたらいいと思いますか

H：私が死にゆく時、
　家族に何を伝えたいですか

2回目

DATE

　　　　　年　　　月　　　日

MEMO

うちの子きずなノート

ステップ5

うちの子になりきって
答えてみよう

「あの子は本当にそれを望んでいると思いますか？」
そう聞かれると多くの飼い主さんは、
とたんに自信をなくします。
うちの子の気持ちを優先したいと思っているのに、
最後は自分の気持ちを優先していることを知っているから。
そしてあなたは、「それは私のエゴではないか」という思いに
押しつぶされそうになります。
それなら一度、相手の立場になってみましょう。
ここでは、愛するうちの子になりきって答えてください。
「私」の思考は一切入れないように。

うちの子きずなノート

F：死ぬってどういうことだと思いますか	C：最近考えていることはありますか
B：好きなもの・ことは何ですか	ステップ5 うちの子になりきって答えてみよう
E：体調はどうですか	A：自分の性格はどんなだと思いますか

ステップ5：うちの子になりきって答えてみよう

：家族に一言伝えるとしたら、
　何と言いたいですか

D：今してほしいことは
　　ありますか

H：この家に来て
　　幸せですか

1回目

DATE

　　　　　　年　　　月　　　日

MEMO

061

自分の気持ちと向き合うヒント

　飼い主さんのブログなどで、うちの子を紹介するためにペットさんのセリフをマンガ調に表現したものを、目にすることがあります。

　実はこれ、動物対話士目線で見ると、かなり合っています。その時のペットさんの表情に表れている気持ちがきちんとセリフになっていて、いつも私は感心しながら読んでいます。

　対面セッションでは必ず、私はペットさんたちの表情の変化をつぶさに観察します。すると、ほとんどの子は実にわかりやすく、表情で気持ちを表してくれていることに気がつきます。が、飼い主さんは、それを見ていないことがほとんど。こんなにわかりやすい答えを出してくれているのに、それに気づかずに「うちの子が何と言っているかわからない」だなんて、本当にもったいないと思います。

　そのような飼い主さんとのセッションでは、ペットさんの顔をしっかり観察することを課題にして、もう一度同じやり取りをしてもらいます。

　「ほら、口角が上がったでしょ？」「今、目線が泳ぎましたよね」「この話題になったとたんに顔を背けたの、わかります？」など、その場その場で、ペットさんたちの変化を実況中継すると、そこで初めて気づいてくれる飼い主さんが多いのです。私は飼い主さんがペットさんたちの表情に気づいてくれた、この瞬間がたまらなく好きです。

　飼い主さんが、うちの子の豊かな表情に気づいてくれたら、その

表情に吹き出しをつけてみましょう。それが動物対話のはじめの一歩です。

　日ごろから日本語を聞いているペットさんたちは、その吹き出しが合っているか間違っているかを理解できています。その吹き出しが合っていれば落ち着いた表情を浮かべ、間違っていれば、訴えるような動作や表情を、符合するまで何度も繰り返しています。ぜひ、言葉に出してうちの子に聞いてみてください。

　これは人間でも同じこと。

　たとえば、私が黒いペンを持っているのに「これは赤だよね？」とあなたに聞いたら、きっとあなたは「違うよ、黒だよ」と教えてくれるでしょう。けれど、納得のいかない私が「これって赤いペンでしょ？」と、もう一度聞いたとします。するとあなたはやはり「違うよ、黒だよ」と言うと思うのです。その答えに納得しない私はさらに「いやいや、これは赤でしょう？」…。そのうちあなたが、このやり取りに根負けして「そうだね、赤だね」と言えば、私は納得して、それ以上の確認をやめます。

　つまり、納得すれば主張は止まるというわけです。

　これを動物対話に当てはめてみましょう。私は、このやり取りこそが「動物と対話する」という、本当の動物対話だと考えています。

　動物対話士は、どの飼い主さんでもペットさんたちとの対話は可能であるということを知っています。ですから、セッションでは動物対話士の話よりも飼い主さんがどう感じてどう受け取るか、何を思い出してくれるか、ということに重きを置きます。

うちの子きずなノート

　動物対話基礎講座中級の一コマでは、このステップの話と同様に、「うちの子に吹き出しをつけてみましょう」というテーマを設けています。

　お散歩をねだるしぐさ一つとっても、「ねぇ、お散歩いこうよ♪」と言っているのか、「まだ準備終わらないの？！　早く行くよ！！」と言っているのかで、その子が示す態度はまったく違います。前者は玄関と飼い主さんとの間を嬉しそうに行ったり来たりするでしょうし、後者だったら玄関で吠えて呼びつけるかもしれません。

　うちの子を愛してやまない飼い主さんであれば、一緒に暮らしているペットさんがどういう性格で、どういう吹き出しがぴったりくるか、動物対話士よりもはるかに把握しているはず。あくまでも「うちの子になりきって」というのが大事です。

　回答を書き込んでいただくときには、次の二つのポイントに特に注意してください。一つ目はE「**体調はどうですか**」、二つ目はH「**この家に来て幸せですか**」です。この二つの質問は、ついつい「飼い主としての私の目線」で答えてしまいがちです。

　Eは家族として把握している事実について考えてしまうかもしれませんが、それはいったん横に置き、「普段うちの子はどういう状態（体調）で過ごしているか」を考えて吹き出しをつけてみましょう。たとえば、動物病院の健康診断で数値に問題ありと指摘されていても、本人はまるで気にしておらず、元気に過ごしているケースがよくあります。

　もしこの質問でそのようなことに気づいたとしたら、今までは病

院の意見を聞くしかなかった飼い主さんに、①病院の意見を参考にする、②本人（ペットさん）の感覚を参考にする、という選択肢の幅が生まれてきます。すると、今度は飼い主さん自身に「私はどちらの意見に合わせたいだろうか」という疑問がわいてきます。これこそが動物対話をするために、とても大切な思いです。このように、次々と新しい質問を作り出すことを「掘り下げる」と言います。

　Hについても同様です。「こうあってほしい」という家族としての希望ではなく、普段の姿を思い浮かべて、「本当はどう思っているのだろうか」を考えてみてください。その時に、もし自分の理想と違う吹き出しの方がしっくりきてしまったらチャンスです！
　その時は、しっかり掘り下げて、どうしたら自分の理想に沿う答えを出してもらえるかを考えてみましょう。

　「私はうちの子と対話ができない」と、多くの飼い主さんが言う背景には、掘り下げ不足や質問不足があります。

　「わからなければ聞きましょう」

　これは動物対話をするうえで、本当に本当に大切なキーワードになりますから、ぜひ覚えておいてください。
　対話が上手にできないのは「相手に聞かないから」なのです。

065

うちの子きずなノート

F：死ぬってどういう ことだと思いますか	C：最近考えていることは ありますか
B：好きなもの・ことは 何ですか	**ステップ5** **うちの子になりきって** **答えてみよう**
E：体調はどうですか	A：自分の性格は どんなだと思いますか

ステップ5：うちの子になりきって答えてみよう

G：家族に一言伝えるとしたら、
　　何と言いたいですか

D：今してほしいことは
　　ありますか

H：この家に来て
　　幸せですか

2回目

DATE

年　　　月　　　日

MEMO

うちの子きずなノート

うちの子コラム③
控えめなミドリガメとの「対話」

　友人の家の亀たちのおはなしをご紹介します。
　一匹はカルくん、もう一匹はガルちゃんといいます。仲のよい、つがいの亀たちです。
　20数年前、友人のお子さんがお祭りの亀すくいで釣ってきました。当時は手のひらの半分ほどしかない小さなミドリガメでした。
　夏は毎日日光浴、冬はしっかり冬眠、という生活をしていたら、いつしか二匹は甲羅だけでも大人の両手以上という立派なサイズに育っていました。
　カルくんとガルちゃんのコンビは、基本的にガルちゃんのほうが優勢で、カルくんはいつもガルちゃんの踏み台になっていました。それでも不満一つ言わない、できた男の子でした。
　そんなカルくんが、私が来た時はガルちゃんを踏み台にして、「ボクここだよ！」というようにアピールをしてくるのです。友人曰く、そういうことをするのは私が遊びに来た時だけとのこと。「亀も話ができる人が来てくれてるってわかるんだね」と感心しきりです。
　この現象、実は人間社会にも大きく当てはまります。
　もしあなたの目の前に、あなたの話を聞いてくれる人と話半分にしか聞いてくれない人がいたら、あなたはどちらに好意を持ちますか？　もちろん前者ですね。これが今回のカル

くんのケースにも当てはまるのです。

「亀に自分の名前が理解できるの？」なんて声が聞こえてきそうですが、亀にも耳があり、その耳は音を識別するための器官です。自分の方を向いて同じ単語を呼びかけられていたら、それが自分を指す言葉だと理解することは、可能だと思いませんか。しかもそれが20年以上もの長きにわたり継続されているのです。理解できないと思うほうが不自然だなぁと私は思うのです。

そんなわけで、友人が「かるちゃん！ はなんちゃんが遊びに来たよ」と亀の水槽に声をかけると、カルくんが相方のガルちゃんを踏み台にして、「はなんちゃーーーん！」と顔を出してくれるようになりました。

その姿を見て私は「カルちゃん、元気だった？」と声をかけます。そうするとカルちゃんは「もちろん！」と言わんばかりに、さらにごそごそとした動きをして見せてくれます。「元気ならよかったよ。ガルちゃんが重そうだから降りてあげたら？」というと、カルちゃんは名残惜しそうにガルちゃんの甲羅から降ります。それを見た友人は「話が通じてるね」と、いつも感心してくれます。

こんなふうに、うちの子があなたの言葉に答えるような動作をしてくれたと感じたときはぜひ、それをいったん真に受けてください。そして返事をしてみてください。愛するうちの子は、もっと豊かな表情を見せてくれることでしょう。これこそが動物対話の瞬間なのです。

うちの子きずなノート

ステップ6

今だからできること

「もっと〇〇をしてあげればよかった」
「〇〇なんてしなければよかった」
大切な家族が亡くなった時には、
多くの方が、そのような言葉で悔やまれます。
でも、これらの後悔は、
できることとできないことを分けて考えておくだけで、
防ぐことができるのです。
あなたとうちの子が共にかけがえのない時を過ごし、
最後は感謝で終わることができるよう、
「今だからできること」を探してみましょう。
やって満足するか。やらずに後悔するか。
それを決めるのは、うちの子ではなくあなた自身です。

うちの子きずなノート

F：うちの子のためにできる、私の得意なことは何ですか	C：うちの子のために、やらなくていいことは何ですか
B：いつか来る日のためにできればやっておきたいことは	ステップ6 **今だからできること**
E：うちの子が「頑張っているな」と思う点はどこですか	A：いつか来る日のために既にしていることはありますか

ステップ6：今だからできること

G：私とうちの子が、互いに
笑顔になれることは何ですか

D：今、本当にやらなくては
いけないことは何ですか

H：私の心を軽くするために、
今できることは何ですか

1回目

DATE

　　　　　　　　年　　　月　　　日

MEMO

073

自分の気持ちと向き合うヒント

　いよいよこのワークブックも佳境に入ってきました。

　今までは、どちらかというと比較的リラックスした気持ちで答えることができたかもしれません。でも、私たちは、私たちより寿命の短い家族と共に暮らしているということを認めないまま通り過ぎることはできません。ゆっくりと自分の心と対話しながら進めていきましょう。

　このテーマは、お空に帰ってしまった子を持つ飼い主さんには、「生きているときだったら答えることもできたけど…」と、難しく感じられるかもしれません。

　そういう時は、それぞれの質問を以下のように置き換えて答えてみましょう。

　「たら・れば」で答える必要はありません。やれるものならやってあげたかったという後悔を作るための質問ではありませんから、決して言葉尻にとらわれないように。

　置き換えてほしい質問は、ＡからＦの６つです。

Ａ：いつか来る日のために、前々からしていたことや考えていたことはありましたか

Ｂ：うちの子のためにあえてやらなかったことはありますか

C：うちの子のことを考えて途中で止めたことは何でしたか
D：どうしてもやらざるを得なかったことは何ですか
E：うちの子が「頑張っていたなぁ」と思い出すシーンはありますか
F：うちの子のためにできる、私の得意なことは何ですか
G：ワークシートのまま
H：ワークシートのまま

　ここではあなたの思いではなく、事実を書いてくださいね。「実際はどうだったのか」がとても大切になってきます。

　もし、あなたが一人でこのワークシートに取り組んでいるのであれば、ステップ6の質問を上記に置き換えることで、いかに自分がうちの子と向き合ってきたかがわかります。やってきたことだけでなく、やらなかったことや止めたことも、うちの子のための大切な決断です。つまり、あなたは「やらない」「やめる」という選択を「してきた」のです。
　こうして答えを進めるほど、「私は何もしてあげられなかった」という思いから解放されていく自分に気がつくのではないでしょうか。あなたは何もしてあげられなかったのではありません。心をいくら砕いても足りないほどに、うちの子のために心も時間も捧げてきたのです。その選択に間違いはないと、私は信じています。

　もし、あなたがグループワーク（複数人で発表し合いながら進めていくスタイル）でこのワークシートに取り組んでいるなら、「生きているうちの子」の飼い主さんたちにとって、あなたの答えは先

輩の貴重な声として、グループの仲間たちに大いに役に立ちます。自分は何もしてあげられなかったと思っていたとしても、それを聞いた仲間は、そこまでやってもできていないと感じてしまうんだ…という学びになります。また、実際に何もできていなかったとしても、それはそれで参加者の方に「私だったらどうしただろうか」と考えるきっかけを与えることになります。これは先を行く先輩がいないと気がつくことができない、とても大切なことです。

　いずれにしても、うちの子がお空に帰ったことを伝えることによって、周囲に深い学びの機会を与えることになります。それはすなわち、あなたと暮らした「うちの子」が家族以外にも影響を及ぼしている、ということになります。それは本当に素晴らしいことです。

　「今だからできること」「今だから思い起こせること」に、向かい合ってみましょう。

　見たくないものを見る・聞く・考えるというのは、決して簡単なことではないけれど、そのあとが格段にスムーズになります。

　あなたとあなたの大切な「うちの子」のために、もう一度、本当に必要なこと・本当はいらないことについて見直してみましょう。

うちの子きずなノート

F：うちの子のためにできる、私の得意なことは何ですか	C：うちの子のために、やらなくていいことは何ですか
B：いつか来る日のためにできればやっておきたいことは	**ステップ6** **今だからできること**
E：うちの子が「頑張っているな」と思う点はどこですか	A：いつか来る日のために既にしていることはありますか

ステップ6：今だからできること

**G：私とうちの子が、互いに
笑顔になれることは何ですか**

**D：今、本当にやらなくては
いけないことは何ですか**

**H：私の心を軽くするために、
今できることは何ですか**

2回目

DATE

年　　月　　日

MEMO

079

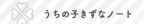

うちの子コラム ④
飼い主がはまる二つの落とし穴

　一般社団法人動物対話協会では、飼い主さんがうちの子とお話ができるようになるための「動物対話基礎講座」、動物対話を使って幅広く活躍したい方のための「動物対話士®養成講座」、そして、うちの子たちと向き合うための「うちの子きずなノートワークショップ」（仮）の3種類の講座を行っています。

　特に、動物対話基礎講座は受講資格を設けていませんので、どんな方でも受講していただけます。個人セッションで起こった出来事などを実例として出しながら、動物対話の基礎となる「よく見る」「年齢を考慮する」などを徹底的に腑に落としていきます。

　受講生さんたちの様子を見ていると、本当にたくさんの方が、次の二つに当てはまります。

・しつけ本やインターネット、人から聞いた話を参考にすることで、結果的に悩みを深めてしまっている
・ほとんどの人は動物対話ができているのに、それに気づいていない

　この二つ、実にもったいないなぁと思います。
　見なければいけないのは本ではなく、目の前の子。聞かな

ければいけないのは人の話よ
り、うちの子の声。信じなけ
ればいけないのはトレーナー
の話ではなく、自分の心。

　これさえできれば、先の二
つのありがちな落とし穴には
まらなくて済みます。
　そのため、動物対話基礎講
座ではそれらの思い込みを外
すことに全力を傾けます。
　すると、今までとらわれていた思い込みが深ければ深い人
ほど「早く講座が終わらないかな。早く家に帰りたいな」と
思い、それを講座の最後の感想で伝えてくれます。
　自分が本当はどれだけ対話ができていたかを検証したいん
ですね。なんてステキな飼い主さんでしょう。それこそがう
ちの子への愛だと思っています。
　私たちは今、当たり前の出来事に感謝する機会がとても少
なくなっていると感じています。それを、うちの子との生活
を通して改めて実感するという、素晴らしい機会が与えられ
ていることに気がつくと、人生がガラッと好転するのだと考
えています。
　実は動物対話を習得するということは、人生をハッピーに
変える技術を習得するということに他なりません。
「本当にペットさんというのは神様が飼い主さんに与えてく
れた最適最善の教材なんだなぁ」とつくづく思います。

うちの子きずなノート

ステップ7

いつか必ず来るその日

まだまだ元気なうちの子を思っても、
その日その瞬間を思うだけで泣けてくる…。
その日がいつかはわからなくても、
必ず来るとわかっているなら、考えておいて損はありません。
いつかその日が来た時には、
このステップに答えておいてよかったな、と思えるように。
大切なその瞬間を、静かな心で迎えられるように。
今できることは、今のうちからやっておきましょう。

うちの子きずなノート

F：うちの子が亡くなったことを 誰に伝えますか	C：最期の見送り方は どういう形が理想ですか

B：Aを伝えるためには どうしたらいいと思いますか	ステップ7 いつか必ず来る その日

E：うちの子はどんな見送られ方を 願っていると思いますか	A：最期に声をかけるとしたら 何と言いたいですか

ステップ7：いつか必ず来るその日

G：うちの子が願う「自分亡き後の家族」はどんな姿ですか

D：Cをかなえるためにはどうしたらいいと思いますか

H：Gをかなえるためにはどうしたらいいと思いますか

1回目

DATE

年　　　月　　　日

MEMO

085

うちの子きずなノート

自分の気持ちと向き合うヒント

　愛してやまないうちの子とのお別れについて考えてみましょう。
　これは私たちが一番向き合いたくないテーマです。でも、必ず直面するテーマでもあります。嫌だからと言って避けることはできません。もし、避けてしまえば、それが後悔の元となり、心の中にいつまでも癒えない深い傷となって残るでしょう。
　お空に旅立つペットさんたちは、自分が亡くなったせいで飼い主さんが心に傷を持つことを好ましく思うかな？　と考えれば、答えはおのずと見えてきます。

　このテーマもステップ6と同様に、お空に帰ってしまった子を持つ飼い主さんにとっては難しく感じられるかもしれません。「生きているときだったら『これからの準備』として答えることもできるけど…」と。
　そういう時は、それぞれの質問を以下のように置き換えて答えてみましょう。
　「たら・れば」で答える必要はありません。また、「こうしたらよかったのに…」といった後悔を作るための設問ではありませんので、言葉尻にとらわれないようにお願いします。

　置き換えてほしい質問は以下の通りです。

ステップ7：いつか必ず来るその日

Ａ：最後に何と声をかけてあげましたか
Ｂ：どういう思いでＡの言葉をかけましたか
Ｃ：ワークシートのまま
Ｄ：ワークシートのまま
Ｅ：うちの子はどんな見送られ方を願っていたと思いますか
Ｆ：うちの子が亡くなったことを誰に伝えましたか
Ｇ：ワークシートのまま
Ｈ：ワークシートのまま

　私自身、心の準備ができないまま見送った子と、余命宣告を受けてから見送った子がいます。余命宣告はとてもショックなことですが、心の準備をするという意味では、とても大切なことだと実感しています。

　また、私はエンジェルペットさんの飼い主さんとも数多く接してきましたが、予告なくペットさんに逝かれてしまうと、現実を受け入れる力が失われ、心と現実に乖離が起きてしまい、深いペットロスの状態に陥ってしまう方が多いように見受けられます。

　心の準備の有無が、これほどまでに、飼い主さんのその後に影響を及ぼすものかと、その重要性をつくづく感じています。

　私は今まで三頭のうちの子を見送ってきました。

　最初に見送ったのは凛という女の子のシーズーです。生後10か月でした。私が心の準備もないままに見送った子です。凛は私が初めて迎えたシーズーのはなが最初に産んだ二頭の女の子のうちの一頭で、たった一泊二日の入院中に病院で息を引き取りました。

087

うちの子きずなノート

　体調を崩して食欲がなく、水も飲まず、おなかの具合もよくなかったので病院でもらった薬で様子を見ていたのですが、一向に回復せず、日曜日の夕方に入院しました。翌日の朝、様子を聞くために電話をかけようと思った矢先、病院から電話があり、未明に凛がお空に帰ったことを告げられました。私はすぐに病院に向かい、冷たくなったうちの子を迎えに行きました。昨日の今頃はまだ温かかったのに…。あまりに突然のことで心の準備は何一つできておらず、私はどうすればいいのかわかりませんでした。
　それはそれは深いペットロスでした…。

　その後、凛がお空に帰ってから半年後に生まれた萌が8歳でお空に帰りました。
　このころには私は動物対話士として独立していましたので、萌とは動物対話による話し合いを通して治療方針を決め、お互いに納得のうえで治療を進めていました。
　萌は病院の診察後、お会計待ちの時に私の腕の中で息を引き取りました。
　萌とは生前からたくさんの対話をし、一つひとつを相談してきたおかげで、凛の時のようなペットロスにはなりませんでした。萌という子がいたのは夢だったんじゃないかと思うくらい、悲しい思いひとつせず、今に至ります。

　萌を見送ってからさらに4年後、今の私の原点となった、はながお空に帰りました。16歳と1か月たらずでした。
　はなは12歳の時に心臓病が発覚し、このままでは一年もたない

と余命宣告を受け、心臓への負担を減らすためにお薬を飲み始めました。しかし私には薬を服用した日と飲み忘れた日のはなの状態に差がないように見えました。そこで、はなに「お薬飲んだ時と飲まないときでどう違う？」と聞くと、どちらも変わらないということを態度で示してくれましたので、何かあったときには全面的に私が責任を取る覚悟で薬をやめてみました（本来は獣医師の指示のもと、断薬するのが正しい方法です）。そのままお薬をやめて1か月後、いつもと変わらないように見えるはなを連れて病院の定期検診を受けると、「いつも通りですね。ではこのままお薬を…」と獣医さんに言われました。そこで初めて「先生実は…」と、薬を飲まない選択をしていることをカミングアウトし、獣医さんと相談をして正式に投薬をやめました。

　年を重ねるにつれ認知症も出始め、時々意識を失うこともあり、酸素テントをレンタルするようになりました。

　余命宣告を受けていましたので、いつ逝っても後悔のないようにしようというのが私の思いでした。そんな飼い主の心配はどこ吹く風で、当のはなは、我関せずのマイペースでしたが…。

　最期は私の仕事中にベビースリング（抱っこひもの一種）で抱っこされながら、目の前のクライアントさんにも気づかれずに静かに呼吸を止めました。あまりに立派すぎて、私にはごめんねと言う余地さえありませんでした。

　こんなふうに、私も心の準備の有無による喪失感の差を体験しています。あなたにはできるだけ喪失感なく、感謝の中で愛するうちの子を見送ることを体験してもらいたいなぁと思っています。

うちの子きずなノート

F：うちの子が亡くなったことを誰に伝えますか	C：最期の見送り方はどういう形が理想ですか
B：Aを伝えるためにはどうしたらいいと思いますか	ステップ7 いつか必ず来るその日
E：うちの子はどんな見送られ方を願っていると思いますか	A：最期に声をかけるとしたら何と言いたいですか

ステップ7：いつか必ず来るその日

G：うちの子が願う「自分亡き
後の家族」はどんな姿ですか

D：Cをかなえるためには
どうしたらいいと思いますか

H：Gをかなえるためには
どうしたらいいと思いますか

2回目

DATE

年　　　月　　　日

MEMO

091

うちの子きずなノート

うちの子コラム⑤
動物対話士的「いい獣医さん」の見分け方

　獣医さんというのはつくづく、大変なお仕事だと思います。人間のお医者さんであれば、内科・外科・眼科・歯科…等々に細分化されていますが、獣医さんのほとんどはどんな診療科目も受け付けることが一般的です。
　そんな中、最近は動物鍼灸やエネルギー療法といった診療をする獣医さんも増えてきました。とてもステキなことだと思います。
　ではここで、「動物対話士的『いい獣医さん』の見分け方」をお伝えしたいと思います。

・診察室に入った時に、飼い主さんだけでなく、うちの子にも挨拶をしてくれる先生

　間違いなく動物対話ができています。うちの子にとって最適な治療を施してくれることでしょう。また、うちの子に不必要なことは必要ないと飼い主さんに伝えてくれる先生である可能性が高いです。

・数値の話ばかりする先生は「？」

　見るべきは、数値よりも目の前にいるうちの子の状態である、と私は考えています。ただし、「餅は餅屋」というように、

獣医さんの意見を参考にすることはとても大切なことです。わからないことはどんどん質問してください。

・専門用語を極力使わずに説明してくれる先生

　飼い主さんと二人三脚で治療を進めていきたいので、一般の人にもわかるような言葉を選んでくれる先生はおススメです。エンジェルペットさんのセッションに来た飼い主さんの中には「獣医さんの言いなりになったこと」を後悔の一つに挙げる人が少なくありません。

・飼い主さんの意向を聞いてくれる先生

　獣医さんに限った話ではありませんが、飼い主さんという保護者の意向を聞くことは最も大事なことだと思います。「私の指示が聞けない人は別の先生のところに行ってください」というタイプの獣医さんにお世話になっていると、その子がお空に帰った時に後悔の原因の一つになりやすいです。

　昨今のTV番組などの影響もあり、動物たちに意思や感情があるということが、ずいぶん一般的になってきました。どうか立場の違いに臆することなく、自分の知りたいことや不安をしっかりと獣医さんに伝えましょう。それが結果的に、あなたとうちの子の幸せに繋がるのですから。

うちの子きずなノート

ステップ8

今から考えておくこと。
やっておくこと

このステップでもっとも大切なことは、
自分の思いを集約してまとめること。
何度でもステップ1〜7までの質問に答えて、
このステップでまとめてみてください。
うちの子のことを思って書いていたはずなのに、
気がつけば、あなたの人生に対する考え方が
変わってきていることに気がつくでしょう。
今のあなたこそが、本来のあなたです。
ちょっと照れくさいかもしれないけれど、
しっかりと見つめて、受け入れてください。
それが『うちの子きずなノート』の本当の狙いであり、
あなたの愛するうちの子の願いです。

うちの子きずなノート

F	C

B	ステップ8 **今から考えておくこと、 やっておくこと**

E	A

ステップ8：今から考えておくこと。やっておくこと

G

D

H

1回目

DATE

年　　月　　日

MEMO

自分の気持ちと向き合うヒント

　このステップでは、これまでのステップで答えた内容の中から、特に心に残ったものを書いていきます。ですから、1から7の各ステップを終えてからのほうが、取り組みやすいでしょう。

　このステップは真ん中以外のすべてが空欄になっています。
　これまでの7つのステップの回答の中から、「これは忘れたくはない」「こんな答えは意外だった」というものを8つピックアップして、それぞれの枠に書き込んでみましょう。各ステップから一つずつでなくても構いません。あるステップからは複数を選び、あるステップからは一つも選ばなかった、というのもありです。
　また、数字の若いステップから順に埋める必要もありません。書きたい場所に書きたい内容を書いてください。

　どんな言葉が並びましたか?
　それが今、あなたに必要な言葉たちです。
　そしていつかまた、自由に書き添えたり書き直したりしてください。
　前回と同じでもいいのです。
　前回と違っていていいのです。
　このワークブックを使い、何度も同じ問いに答えていくと、その時々で選ぶ言葉や内容が変わってくるかもしれません。その変化は

ステップ8：今から考えておくこと。やっておくこと

あなたの成長の証です。

　もし、何度やっても変わらない言葉が残ったとしたら、それがあなたの心の芯です。芯がぶれないということが確認できたということになります。

　このワークブックをすべて埋めることで、あなたと「うちの子」とのきずなが確かめられ、そのきずながより深くなることを祈っています。

うちの子きずなノート

F

C

B

ステップ8
今から考えておくこと、
やっておくこと

E

A

ステップ8：今から考えておくこと。やっておくこと

G

D

H

2回目

DATE

年　　月　　日

MEMO

おわりに

　このワークブックの出版が決まり、執筆に取り掛かってから、私の身の回りでは実にたくさんの印象的な出来事が起こり始めました。

　その中でも大きかったのは、私がこの仕事をするきっかけとなった、はなの死でした。余命宣告された期間を3年も超え、「その日」がいつ来るかという恐れと葛藤の中で迎えたその日は、本の出版が決まり、社団法人の設立パーティを終え、海外への視察旅行まで終えて一息ついたタイミングでした。

　このワークブックから最も恩恵を受けるのは、それぞれのステップのテーマや質問を考えては、自分で答えてみて、そのたびに立ち止まったり悩んだりを繰り返した、私自身かもしれません。

　私がペットロスにならないように、はなの存命中から亡くなるまでの心の揺らぎに、丁寧にケアしていくような一冊になったと思っています。

最後になりましたが、内外出版社の小見さん、関根さん、池田さん、本当にありがとうございました。迷いの多い私を、大きな心でサポートしてくださり、とても心強かったです。みなさまのおかげさまでこの本が形になりました。

　また、クローバ経営研究所の松村先生、魔法の質問のマツダミヒロさん、このお二人に出会えたことで私のお仕事が格段としやすくなりました。きっとこれからもますます多くの方の助けになることと信じて止みません。

　そして、このワークブックをお手元に置いてくださっているあなたに、私と私の尻尾のある家族たちから最大の感謝を…。

　またどこかでお会いできますことを。

動物対話士® 伊東 はなん

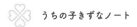 うちの子きずなノート

PHOTO

DATE :　　　　年　　月　　日

MEMO

うちの子の思い出ノート

DATE :　　　　年　　月　　日

MEMO

PHOTO

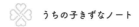うちの子きずなノート

PHOTO

DATE:　　　　年　　月　　日

MEMO

うちの子の思い出ノート

DATE : 　　　　　年　　月　　日

MEMO

PHOTO

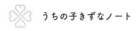

PHOTO

DATE :　　　　　年　　月　　日

MEMO

うちの子の思い出ノート

DATE :　　　　　年　　月　　日

MEMO

PHOTO

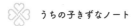 うちの子きずなノート

PHOTO

DATE :　　　　　　年　　月　　日

MEMO

うちの子の思い出ノート

DATE :　　　　　年　　月　　日

MEMO

PHOTO

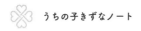
うちの子きずなノート

PHOTO

DATE :　　　　年　　月　　日

MEMO

うちの子の思い出ノート

DATE :　　　　年　　月　　日

MEMO

PHOTO

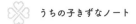

PHOTO

DATE：　　　　年　　月　　日

MEMO

うちの子の思い出ノート

DATE :　　　　　年　　月　　日

MEMO

PHOTO

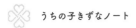 うちの子きずなノート

PHOTO

DATE:　　　　年　　月　　日

MEMO

うちの子の思い出ノート

DATE :　　　　　年　　月　　日

MEMO

PHOTO

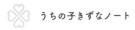 うちの子きずなノート

PHOTO

DATE :　　　　　年　　月　　日

MEMO

うちの子の思い出ノート

DATE :　　　　　年　　月　　日

MEMO

PHOTO

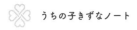
うちの子きずなノート

PHOTO

DATE :　　　　　　年　　月　　日

MEMO

うちの子の思い出ノート

DATE :　　　　　年　　月　　日

MEMO

PHOTO

うちの子きずなノート

うちの子なんでもノート

うちの子きずなノート

うちの子なんでもノート

伊東 はなん

東京都出身。一般社団法人動物対話協会代表理事。真言宗・山路天酬大阿闍梨を戒師として得度。法名「秀悠」を拝受。ペットの供養を専門に行う尼僧としても活動する。2000年代にペットとの暮らしを始めて以来、しつけ本、インターネットなどから得られる情報と現実の間にギャップを感じ、ペットとの独自のかかわり方を模索。これが後の動物対話の礎となる。2011年には東日本大震災の現地ボランティアとして、「ペット無料相談所」を開催。現在は東京都内で犬3頭、猫2匹とともに暮らす。テレビ朝日、TOKYO MX、韓国MBCテレビ、TOKYO FMなど多数のメディアに出演。インターネットラジオゆめのたねでは2本のレギュラー番組を持つ。

一般社団法人動物対話協会

2016年8月設立。日本人らしい動物との暮らし方の実践に資する各種講座を日本各地で展開中。動物対話士®は同協会による認定資格であり、「人とペットのカウンセラー」として活動。動物対話の対象動物は犬猫にとどまらず、インコ・ウサギ・熱帯魚・爬虫類など多岐にわたる。

うちの子きずなノート ペットロスに備える ペットロスを癒す

発行日 2017 年 8 月 9 日　第 1 刷
著　者　伊東はなん
発行者　清田名人
発行所　株式会社内外出版社
　　　　〒110-8578 東京都台東区東上野 2-1-11
　　　　電話　03-5830-0368（販売部）
　　　　電話　03-5830-0237（編集部）
　　　　http://www.naigai-p.co.jp
装幀・協力　　志村正人（REVEL46）
イ ラ ス ト　　坂本 彩
印刷・製本　　日経印刷株式会社

© 伊東はなん　2017 Printed in Japan
ISBN 978-4-86257-310-0

乱丁・落丁は送料小社負担にてお取替えいたします。